LES VOLCANS
ET LEURS ÉRUPTIONS

Éditions
Le Pommier

Jacques-Marie Bardintzeff est volcanologue et professeur des universités. Spécialiste des risques naturels dans le monde, il a écrit une grande quantité de livres et d'articles scientifiques ; il a aussi collaboré à de nombreuses émissions de radio ou de télévision.

Sorti en 2004 de l'École supérieure des arts Saint-Luc de Bruxelles, **Benjamin Strickler** est aujourd'hui illustrateur pour la presse jeunesse (Bayard, Fleurus), l'édition (Talents Hauts, Les Petites Vagues) et coloriste de bande dessinée (Casterman, Soleil).

Jacques-Marie Bardintzeff a guidé de nombreux groupes de jeunes sur les volcans d'Auvergne dans le cadre de l'École Volvic de l'éveil.

Mme D. Orsini, directrice de l'école Billancourt à Boulogne-Billancourt, Mme E. Cossec, M. Roussillon et les élèves du CM1 : Clara ○ Fériel ○ Maryonn ○ Marc ○ Léa ○ Lucie ○ Valérien ○ El Hadj ○ Aïssa ○ Tryann ○ Camille ○ Arthur ○ Kenza ○ Benjamin ○ Yohann ○ Jacques-Antoine ○ Manon ○ Jade ○ Alexis ○ Alexia ○ Baptiste ○ Laëtitia ○ Kévin ○ Callista ○ Gustave ○ Emma ○ Benjamin ○ Oviyaa ○ Yassin ○ Alexis ○ Guillaume sont remerciés pour leur aide.

Conception graphique et mise en pages : Isabelle Dumontaux
Relecture : Valérie Gautheron

ISSN : 1770-7943
ISBN : 978-2-7465-0457-8
239, rue Saint-Jacques
75005 Paris

www.editions-lepommier.fr

LES VOLCANS ET LEURS ÉRUPTIONS

il était une fois

Les définitions des mots en **gras** se trouvent dans les encadrés ou dans le lexique (pages 51-53).

PERSONNAGES

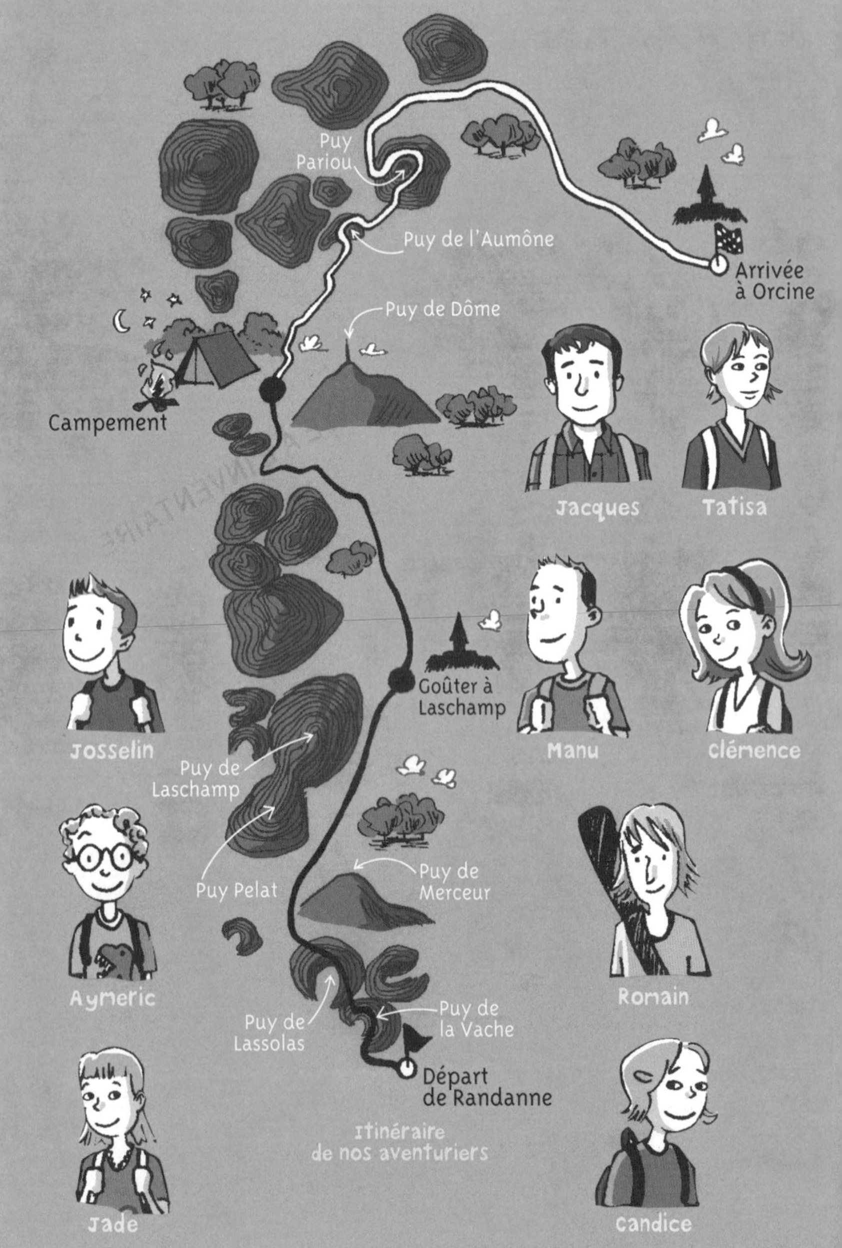

Grenoble, samedi, 5 heures du matin

Une sonnerie stridente réveille les deux sœurs, qui sautent de leur lit, tout excitées.

— Dépêche-toi, Candice, s'exclame l'aînée, tu sais que notre train part à 6 h 06 précises !

— Ça va, Clémence ! j'ai tout préparé hier soir.

Effectivement, deux sacs à dos bourrés à craquer occupent le hall d'entrée de l'appartement. Après un petit déjeuner rapidement avalé et une toilette vite expédiée, voici enfin le départ pour la gare.

— Eh, Manu, Romain, c'est nous ! s'exclament-elles joyeusement en retrouvant leurs cousins dans le hall de la gare.
Puis arrive la dernière fratrie : Aymeric et Josselin, qui participent aussi à l'expédition. L'équipe des cousins s'engouffre dans un wagon sous les recommandations des parents :
— Clémence et Emmanuel, on compte sur vous pour veiller sur les plus jeunes jusqu'à Clermont-Ferrand.

Le train démarre doucement, franchit l'Isère, puis accélère. Les plus petits ne sont qu'à demi rassurés par l'aventure mais rapidement, l'enthousiasme des autres rejaillit sur tous.

— Encore un quart d'heure avant d'arriver, que c'est long ! soupire Emmanuel alors que le train s'arrête en gare de Riom.

— Vous avez vu ces drôles de montagnes, tout alignées ? remarque Romain qui regarde par la fenêtre.
Aymeric colle son nez contre le carreau. Effectivement, ce gros sommet rond et les autres, plus petits et pointus, ne ressemblent pas du tout aux Alpes qu'il a l'habitude de voir chaque jour.

Clermont-Ferrand, 10 h 21

En arrivant en gare de Clermont-Ferrand, ils aperçoivent, par la fenêtre, leur oncle Jacques, son épouse Isabelle — qu'ils surnomment affectueusement « Tatisa » — et leur cousine Jade qui arrivent de Paris. Ce sont, sur le quai, rires, retrouvailles et embrassades.
Le « clan des sept » affiche maintenant complet pour se lancer dans l'aventure. Répondent à l'appel, par ordre d'âge décroissant : Emmanuel, alias « Manu »,

le sportif qui a déjà gagné plusieurs coupes et médailles en compétition, Clémence, la plus pétulante avec sa chevelure flamboyante, Romain, le musicien et l'informaticien du groupe, Candice, la plus discrète mais la plus astucieuse, Jade, très branchée mode avec sa moue à la Brigitte Bardot, Aymeric, l'intello de l'équipe avec ses petites lunettes rondes, qui connaît par cœur le nom de tous les dinosaures, Josselin, enfin, le plus petit mais le plus espiègle. Il leur faut maintenant entasser tout le matériel dans le minibus de neuf places. L'expédition, programmée et préparée depuis plusieurs mois, commence !

Leur oncle Jacques étudie les **volcans** depuis longtemps. **Volcanologue**, il a parcouru le monde de **cônes** fumants en **cratères** béants, rapportant films et photos qu'ils ont pu admirer lors de ses conférences. Il leur avait promis de les emmener voir des volcans et c'est chose faite avec ce voyage en Auvergne, en plein centre de la France.

Ils quittent Clermont-Ferrand par le sud puis empruntent une route secondaire qui traverse quelques villages : Saint-Genès-Champanelle, Pardon, etc. Avant Randanne, ils se garent sur un petit parking sur la gauche de la route. Il est temps de boucler les sacs et de lacer les grosses chaussures de marche.

Jacques — Chacun a bien sa gourde, ses lunettes de soleil, un chapeau ?

De quoi sont faits les volcans ?

Au départ de l'excursion, ils suivent un chemin en pente douce, bordé d'arbres, puis arrivent à une sorte de plate-forme où le paysage devient minéral : ils aperçoivent d'énormes blocs de roches rougeâtres. Les enfants, ravis, ramassent des pierres étranges, tantôt rouges, tantôt noires, et percées de multiples petits trous.

Manu, étonné — C'est quoi, ces roches ? Elles semblent toutes légères !

— Ce sont des roches volcaniques que l'on appelle « **scories** » ou « **pouzzolanes** » : les petits trous correspondent à d'anciennes bulles de gaz, explique Jacques. Les gros blocs sont des fragments d'une vieille coulée de lave aujourd'hui solidifiée.

Candice — C'est grand, une coulée de lave ?

Jacques — Oui, la coulée sur laquelle nous sommes mesure 15 km de long. En partie boisée, elle passe près du village d'Aydat, d'où son nom de « cheire d'Aydat », « cheire » voulant dire « coulée » en patois auvergnat. Elle atteint le bourg médiéval de Saint-Saturnin puis Saint-Amant-Tallende. Elle est âgée de 8 000 ans : elle est donc plus vieille que les Égyptiens et les Mésopotamiens de l'Antiquité !

Aymeric, qui aime la précision — À combien de degrés est la lave ?

Jacques — À 1000 degrés environ. Les **éruptions** qui produisent des coulées de lave sont dites de « type hawaiien » car elles ressemblent beaucoup à celles des volcans d'Hawaii, une île située au centre de l'océan Pacifique.

Jacques sort de son sac son marteau de **géologue**. Chaque enfant veut le toucher et le marteau passe de main en main.
— Qu'il est lourd !
Jacques — Il pèse 1,5 kg. Il est incassable et garanti à vie. Mais j'en ai déjà perdu plusieurs sur différents volcans du monde...
Le volcanologue casse un bloc rocheux : le cœur est tout noir.
Jacques — Cette roche sombre est appelée « **basalte** » : c'est la plus courante des roches volcaniques.
Chacun veut essayer de casser un bloc.
Clémence, en plein effort — Que c'est dur !
— Les roches volcaniques sont faites en quoi ? demande Manu.
Jacques — Pour le savoir, nous allons examiner un échantillon de plus près, à l'aide d'une loupe.
Chacun regarde à tour de rôle.

EN + MINÉRAL

Un minéral est un petit fragment ayant une forme et une couleur caractéristiques. Par exemple, le quartz, transparent et limpide, peut présenter une forme hexagonale, régulière. Mais il peut aussi avoir une couleur rose ou violette (c'est la variété « améthyste »). Exceptionnellement, il peut même être très grand et mesurer plus d'un mètre ! Les roches contiennent des minéraux de différentes couleurs. Par exemple, le basalte contient des pyroxènes noirs de forme rectangulaire et parfois aussi des olivines vertes de forme arrondie.

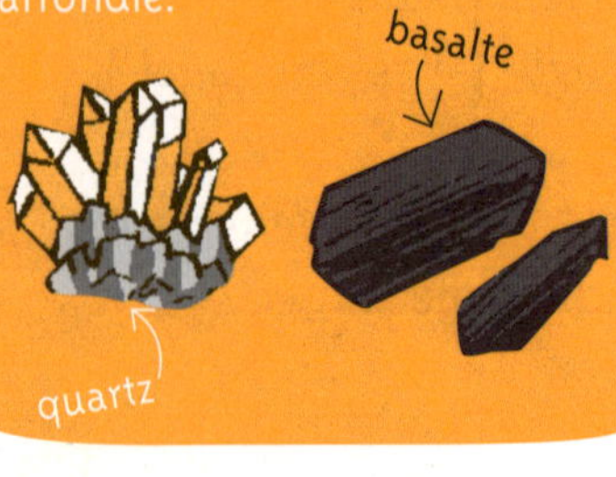

Jade, observatrice, s'exclame — Je vois des petits rectangles noirs, un peu brillants.

Jacques — Ces petits minéraux noirs et brillants dans la roche sont appelés « pyroxènes ».

Les jeunes commencent ainsi à découvrir le métier de volcanologue et par conséquent celui de géologue, la volcanologie constituant une branche de la géologie.

— Que pensez-vous du sommet en face de nous ? interroge Jacques.

— C'est le volcan ! répondent en chœur les cousins.

— Pour en être bien sûr, mieux vaut monter jusqu'en haut !

La grimpée commence :

le sentier devient raide, escarpé, rendant la progression plus difficile. Des sortes de marches ont été installées, stabilisées par des rondins mais elles sont bien hautes pour les petites jambes de Josselin, aidé par Tatisa restée à l'arrière en « serre-file ». Après une demi-heure d'efforts, les jambes sont dures, la respiration un peu haletante.

— Nous voici au sommet du puy de la Vache, déclare Jacques, qui consulte l'altimètre qu'il porte autour du cou, nous sommes à 1167 m d'altitude.

— Mais je n'ai pas vu la vache, regrette Josselin.

— Il a bien dû y en avoir une ici, il y a fort longtemps, sourit Candice.

DÉF. Altimètre
Un altimètre est un appareil que l'on peut porter autour du cou et qui indique l'altitude. Il mesure en fait la pression atmosphérique qui diminue quand on monte.

— Un volcan peut-il être plus grand qu'une montagne ? demande Aymeric.

— Les plus grands volcans, ceux de la cordillère des Andes, en Amérique du Sud, atteignent 7 000 m soit moins que l'Everest, le plus haut sommet de la Terre, mais beaucoup plus que le mont Blanc, point culminant de la France.

Jade, rêveuse — Le paysage est vraiment étonnant : on se croirait sur la Lune.

— Comment se forment les volcans ? interroge Clémence.

— Celui-ci s'est formé par l'accumulation des fragments rejetés, appelés « **bombes volcaniques** ». Il a une forme de cône. De telles éruptions sont de type « strombolien » car elles ressemblent à celles du Stromboli, un volcan italien très célèbre.

Josselin, le benjamin, se mêle à la discussion :

— Les volcans, ils sont tous pareils ?

Jacques — Non, d'autres éruptions, qui produisent de fines particules de roches appelées « **cendres** », sont de type « vulcanien », du nom du Vulcano, également situé en Italie. Il y en a d'autres dont je vous parlerai plus tard.

Jacques poursuit :

— Le grand trou devant nous, c'est le cratère du volcan. Mais celui-ci n'est pas circulaire. Il a une forme en fer à cheval. On dit qu'il s'agit d'un cratère « égueulé ». La partie ouverte du cratère correspond au passage de l'ancienne coulée de lave.

— C'est quoi, ce sommet situé derrière nous ? demande Candice.

— C'est le puy de Dôme, le point culminant de la région avec ses 1 465 m.

Mais la faim se fait sentir. Il est temps de s'installer confortablement et de tirer d'énormes sandwiches des sacs.

— Un repas au sommet d'un volcan, c'est bien meilleur ! affirme Romain.

Après le dessert, Jacques prévient :

— Faites attention à ne laisser aucun détritus car nous sommes au cœur du Parc naturel régional des volcans d'Auvergne, et c'est un espace protégé.

PARC NATUREL EN +

Un parc naturel est une zone protégée, privilégiée. Les constructions humaines y sont rares, voire absentes. Le promeneur doit respecter l'environnement (ne pas laisser de détritus), la faune (ne pas effrayer les animaux sauvages) et la flore (ne pas cueillir les fleurs rares).

Maintenant, il faut redescendre de quelques dizaines de mètres de dénivelé par le côté opposé, jusqu'à un petit col. Isabelle quitte alors le groupe pour aller récupérer le minibus ; ils se retrouveront plus tard.

Jacques — Nous, nous allons maintenant remonter vers un deuxième volcan, le puy de Lassolas, le jumeau du puy de la Vache, un peu plus haut (1 187 m).

La descente dans les éboulis de scories est bien plus rapide que la montée mais il faut être prudent pour éviter une entorse à la cheville. De malicieux petits fragments de roche se glissent dans les chaussures. Ils arrivent au pied du volcan. À présent, le chemin est agréable, en légère descente dans une forêt de pins. Ils devinent, à travers les troncs, les silhouettes du puy de Mercœur et du puy Pelat.

Soudain, des bruits et des grognements étranges se font entendre dans la forêt et semblent même tout proches. Jacques, qui marche en tête, s'accroupit et, un doigt sur les lèvres, fait signe au groupe de se taire. Chacun retient son souffle... Une grosse maman sanglier, majestueuse, traverse le chemin à moins de vingt mètres du groupe. Un petit marcassin au pelage rayé la suit en trottinant, puis un deuxième, un troisième... huit au total ! La troupe disparaît ensuite entre les arbres sous le regard ébahi des cousins. Quelques kilomètres plus loin, une silhouette humaine leur fait signe : Tatisa les attend à Laschamp avec le goûter, jus d'orange et pains au chocolat.

Difficile de repartir vers le nord, avec un faux plat montant cette fois en direction du puy de Dôme. Ce sommet imposant se rapproche lentement.

— Il ne ressemble vraiment pas à un volcan ! En est-ce bien un ? demande Candice.

— Eh oui ! c'est un volcan, mais bien différent du puy de la Vache. Allons voir de plus près !

La fatigue se fait sentir. Il faut encore gravir le col de Ceyssat.

— Maintenant, la roche est complètement différente, presque blanche ! constate Clémence.

EN + LES TYPES DE ROCHES

Les roches volcaniques sont nommées selon une classification internationale en fonction de leur composition chimique. On distingue ainsi les basaltes, les trachytes, les rhyolites, etc.

— C'est aussi une lave solidifiée mais typique du puy de Dôme, donc appelée localement « dômite » mais « trachyte » dans la classification internationale. Le puy de Dôme les domine, avec sa silhouette ronde.

— Vous voyez, sa forme arrondie est celle d'un **dôme**, bien différente de la forme pointue des cônes. Un dôme résulte de l'émission d'une lave très visqueuse, qui a eu du mal à s'écouler. Il n'y a donc pas de cratère au sommet.

EN + QUEL ÂGE ONT LES VOLCANS D'AUVERGNE ?

Les volcans d'Auvergne sont nombreux. Les plus « jeunes » constituent la chaîne des Puys, qui a commencé son activité il y a environ 100 000 ans et dont la dernière éruption remonte à moins de 10 000 ans. D'autres volcans, plus anciens, se trouvent dans le Mont-Dore (début il y a 5 millions d'années et fin il y a 250 000 ans), le Cantal (début à 13 millions d'années et fin à 3 millions d'années), le Velay (début à 14 millions d'années et fin à 2 millions d'années), etc.

— Est-ce qu'il y a plus de cônes ou plus de dômes ? demande Romain.

— Nous traversons actuellement, du sud au nord, une partie de la chaîne des Puys, un alignement de 40 km qui comptent plus d'une centaine de volcans. Et ce sont presque tous des cônes, sauf une dizaine de dômes.

C'est quoi, une éruption volcanique ?

L'équipe repère une belle prairie verte au pied du puy de Dôme où Isabelle les rejoint peu après. Il est temps de dresser le campement et de se préparer un bon dîner. Durant la soirée, alors qu'un quartier de lune se couche à l'horizon, assis en cercle, ils parlent bien sûr de volcans. La silhouette bonhomme du puy de Dôme se détache dans la nuit claire.

— Est-ce que les volcans sont vraiment dangereux ? commence Clémence l'intrépide.

— Oui, le puy de Dôme n'a pas toujours été gentil, explique Jacques. Il a fait une énorme éruption il y a 10 000 ans environ, qui a probablement expédié des cendres jusqu'en Suisse !

Romain — Un volcan, ça fait donc beaucoup de ravages ?

— Oui, cette ancienne éruption du puy de Dôme ressemble à celle de la montagne Pelée en Martinique en 1902. Le 8 mai de cette année-là, à 8 h 01, le volcan a déclenché les chaos de l'enfer et émis une **nuée ardente**, un nuage de gaz brûlant qui a transporté des cendres et des blocs à 500 km/h. Les 28 000 habitants de Saint-Pierre et des environs ont péri instantanément.

— Tout le monde est mort ? s'inquiète Manu.

— Presque, il n'y a eu que deux survivants, deux miraculés : un cordonnier dans son échoppe et un prisonnier dans son cachot. Depuis, on parle de « type péléen » pour décrire une éruption à nuée ardente.

Puis Jacques précise :

— La catastrophe de la montagne Pelée s'est passée il y a plus d'un siècle. On avait alors peu de connaissances scientifiques sur les volcans et l'éruption n'a pas été prévue. Si une éruption identique devait se reproduire aujourd'hui, les volcanologues pourraient, cette fois, la prévoir grâce à leurs appareils et avertir la population qui aurait le temps de partir.

EN + COMMENT SAVOIR QU'UN VOLCAN VA ENTRER EN ÉRUPTION ?

Pour mieux connaître le fonctionnement des volcans, les volcanologues font des prélèvements de roches et de gaz. Des appareils qui auscultent les volcans permettent d'enregistrer les mouvements en profondeur dans le sous-sol. Des **séismographes** enregistrent le moindre petit séisme témoin du frémissement d'un volcan qui va entrer en éruption. On peut aussi enregistrer une légère déformation des volcans avant une éruption : un gonflement de seulement quelques millimètres mais déjà mesurable. On prévoit ainsi assez bien les éruptions.

Les enfants écoutent sans dire un mot. Ils semblent impressionnés, les plus petits surtout.
— Le puy de Dôme pourrait se réveiller ?
Jacques se montre rassurant :
— Ne vous inquiétez pas, le puy de Dôme dort pour l'instant profondément.

Jacques, afin de ne pas inquiéter inutilement les jeunes et de détendre l'atmosphère, change de sujet :
— Pour ne pas finir sur une histoire triste, je vais vous raconter la légende de Vulcain et de Vénus, qui pourtant commence bien mal. Vulcain, né très laid, s'était réfugié sous les volcans, là où personne ne voulait aller. Mais, astucieux, intelligent et travailleur, il eut la bonne idée d'y installer des forges gigantesques avec l'aide des Cyclopes. Les dieux et demi-dieux lui passèrent alors des commandes : un trident tout neuf pour Neptune, le dieu de la mer, une armure pour Hercule, un bouclier pour Achille et même un sceptre pour Jupiter, le roi des dieux. Vulcain devint alors le dieu du feu et du métal, reconnu de tous, et reçut en mariage la plus belle femme du monde, Vénus. Il est temps maintenant d'aller vous coucher.

Josselin dormait déjà dans les bras d'Isabelle. Tout le monde se répartit dans les quatre tentes : deux tentes de deux garçons, une tente de trois filles et celle de Jacques et Isabelle. Les quelques rires étouffés cessent bien vite et le petit village provisoire s'endort sous la Voie lactée.

Dimanche, 7 h 30

Le lendemain, l'herbe est humide de rosée. Dur d'enfiler les grosses chaussures ! Un chocolat brûlant ragaillardit la troupe. Il faut ranger le campement et laisser la place aussi nette qu'on l'a trouvée. Isabelle repartira avec le minibus pour récupérer les marcheurs à l'arrivée. Le groupe de randonneurs se met en route, traverse une zone d'arbustes. À gauche, à quelques centaines de mètres, se dresse un petit volcan arrondi, le puy de l'Aumône, appelé aussi Petit Suchet.

— Et si on y montait ? propose Clémence.

— Qui veut venir ? interroge Jacques.

Bien sûr, tout le monde est partant, même le plus petit. La montée ne présente pas de difficulté.

— La roche est blanche comme celle du puy de Dôme, remarque Jade.

Les jeunes découvrent une petite grotte creusée dans le volcan.

— C'est quoi, cette grotte ?

— Il s'agit en fait d'une ancienne carrière d'exploitation de la roche.

Aymeric revient à ses chiffres :

— Combien y a-t-il de volcans actifs dans le monde ?

— Environ 1600 volcans sur les continents.
Les questions fusent comme autant d'éruptions !
Manu — Dans quels pays y a-t-il le plus de volcans ?
— Probablement en Indonésie. Il y en a beaucoup aussi au Japon.
Jade — Mais alors, est-ce qu'il y a des pays sans volcans ?
— Oui, la Suisse ou la Suède par exemple. Les volcans sont localisés dans de grandes régions, tout autour de l'océan Pacifique par exemple. Il y en a dans certains pays froids comme dans certains pays chauds.
Romain — Il y a combien d'éruptions chaque année ?

— En moyenne, il y a cinquante éruptions chaque année sur les continents, été comme hiver, dont la moitié en Asie.

Candice — Et combien de temps dure une éruption ?

— En général, quelques jours, deux semaines en moyenne. Mais certaines éruptions durent plus de dix ans !

Jade, qui adore nager — Est-ce qu'il peut y avoir des volcans dans la mer ?

— Oui, il y a même plus de volcans sous la mer que sur terre, ce qui peut paraître bien étonnant. On pense qu'il y a probablement entre 5 000 et 10 000 volcans sous-marins.

Aymeric — Est-ce que des volcans forment des îles ?

— Oui, certains volcans sous-marins grandissent tellement qu'ils finissent par émerger et par former des îles. Les Antilles, la Réunion, la Polynésie française, Hawaii... sont des îles formées par des volcans. On a vu des volcans en éruption sortir de l'océan Atlantique en Islande et aux Açores.

Clémence, peut-être future cosmonaute — Et sur les autres planètes ?

— Oui ! il y a des volcans sur Mars, sur certains satellites de Jupiter. Peut-être irez-vous les voir... en 2050 !

Manu — Quelles sont les plus grandes éruptions ?
— Certaines éruptions sont particulièrement violentes. Elles rejettent un panache de gaz et de cendres qui peut monter jusqu'à 30, voire 50 km de haut ! Ça a été le cas pour l'éruption du Pinatubo aux Philippines en 1991 et aussi pour celle du Tambora en Indonésie en 1815, la plus meurtrière de l'histoire.
— J'ai vu des photos de Pompéi, annonce fièrement Aymeric.
— Effectivement, la ville romaine de Pompéi a été détruite par le Vésuve en 79 après J.-C. L'éruption fut étudiée par Pline l'Ancien et par Pline le Jeune, d'où l'expression de « type plinien ». Les géologues ont aussi découvert de gigantesques dépôts volcaniques plus anciens dans différentes régions du globe : à Yellowstone aux États-Unis, à Sumatra en Indonésie, en Nouvelle-Zélande. Ils correspondent à des éruptions formidables, dix à vingt fois plus fortes que celle du Tambora ! On les appelle des « super-éruptions », produites par des « supervolcans ».
Aymeric revient à ses chers dinosaures :
— Tonton, c'est vrai que les dinosaures ont disparu à cause des volcans ?
— Lors des dramatiques superéruptions, les cendres obscurcissent le ciel, voilent le Soleil, qui chauffe

donc moins la surface de la Terre. La température baisse, la neige tombe… Un véritable « hiver volcanique » commence, entraînant une catastrophe écologique et la mort d'animaux et de végétaux. Les dinosaures ont-ils été victimes d'un hiver volcanique ? Ou bien de la chute d'une importante météorite, comme le pensent d'autres géologues ? Peut-être que les deux phénomènes se sont produits quasi simultanément ? Ce qui est sûr, c'est que les dinosaures ont bien disparu à la fin de l'ère secondaire, il y a 65 millions d'années, après plus de 100 millions d'années de « règne » sur la Terre.

Romain, qui s'intéresse à la technique — Comment peut-on arrêter une coulée la lave ?

— C'est très difficile. Sur l'Etna, les pompiers et les militaires avaient construit avec des bulldozers un énorme barrage en terre de 234 m de long et 21 m de haut pour essayer d'arrêter une coulée. Mais la lave s'est obstinée et a fini par le déborder.

Jade — Un volcan peut-il déclencher une tempête ?

— Malheureusement oui. Une importante éruption d'un volcan situé près d'une côte ou formant une île peut créer une vague gigantesque, appelée « raz de marée » ou « **tsunami** », qui déferle sur des rivages.

— Mais alors, la mer devrait éteindre le volcan, suggère Candice avec astuce.

— Bien au contraire ! L'eau, qu'elle soit de pluie, d'un lac ou de la mer, se transforme en partie en vapeur au contact de la chaleur du volcan, qui devient encore plus explosif, comme dans une gigantesque Cocotte-minute !

Manu — Un volcan peut-il causer un tremblement de terre ?

— Non, les tremblements de terre enregistrés lors de l'activité d'un volcan restent très modestes. Les tremblements de terre meurtriers ne sont pas directement liés aux éruptions volcaniques. Mais les deux phénomènes, volcans et tremblements de terre, ont une cause commune : les « colères » de la Terre.

Certains pays, comme le Japon, subissent volcans et **séismes** alors qu'au Pakistan par exemple, il y a de violents séismes mais pas de volcans.

Comment se forment les volcans ?

Le groupe progresse. Droit devant, se dresse un cône parfait, le puy Pariou. À son pied, de gros moutons laineux broutent avidement l'herbe verte. Les randonneurs montent par un petit sentier escarpé. Les pierres volcaniques roulent sous leurs pas. Difficile de grimper ces 159 m de dénivelé ! Au sommet s'ouvre un cratère bien rond. Tout le monde s'assoit côte à côte au sommet du volcan, en arc de cercle, les jambes dans le cratère. Le ciel est d'un bleu magnifique.

Qu'il fait bon se reposer et se chauffer au soleil. L'esprit vagabonde, entre rêverie et réalité.

— Imaginez qu'il y a 8000 ans, ce volcan était en pleine éruption, explique Jacques.

Candice — Comment se forment les volcans ?

— Je vais vous raconter l'histoire du Paricutín, un volcan né au Mexique. Dioniso Pulido cultivait son champ de maïs ce 20 février 1943 quand il fut intrigué puis apeuré par une fissure dans le sol, qui libérait des gaz. Il alerte sa famille, ses voisins, tous médusés. Un petit cône volcanique de scories commence à grandir : il atteint 10 m de haut en une demi-journée, 30 m en un jour, 148 m en un mois et 336 m en un an. L'éruption va durer neuf ans, jusqu'au 4 mars 1952, quand le cône aura atteint 424 m de haut. Les laves ont recouvert le village de San Juan Parangaricutiro, dont seule l'église émerge encore.

Heureusement, les habitants ont eu le temps d'évacuer. Ils ont reconstruit un autre village, plus grand et plus beau, baptisé San Juan Nuevo.

Romain, toujours gourmand et plein d'humour, sortant une barre de céréales de son sac à dos — Le maïs s'est-il transformé en pop-corn ?

Jacques — Le Pariou a dû naître comme le Paricutín, peut-être même sous les yeux de témoins, des hommes de la préhistoire. Son éruption a duré quelques mois seulement.

Aymeric — D'où vient la lave des volcans ?

Jacques — L'histoire d'un volcan commence en fait à 100 km sous nos pieds. À cette profondeur, les roches fondent et forment un liquide appelé « **magma** ». Le magma, léger, monte vers la surface jusqu'à surgir, de différentes façons, lors d'une éruption.

EN + ROUGE OU GRIS ?

Les éruptions rouges sont dites « **effusives** » et les éruptions grises « **explosives** ». Certains volcans font essentiellement des éruptions rouges comme le piton de la Fournaise à la Réunion. D'autres font majoritairement des éruptions grises, telle la montagne Pelée en Martinique. Mais certains volcans (tels l'Etna ou le Vésuve en Italie) alternent les deux types d'éruptions, ce qui complique la tâche des volcanologues pour une bonne prévision.

Jade — Quels sont ces différents types d'éruptions ?

Jacques — Il y a deux grandes catégories d'éruptions : les éruptions rouges à coulées de lave (le type hawaiien) et les éruptions grises à bombes, blocs, cendres, nuées ardentes (qui regroupent les types strombolien, vulcanien, plinien, péléen).

coupe d'un volcan

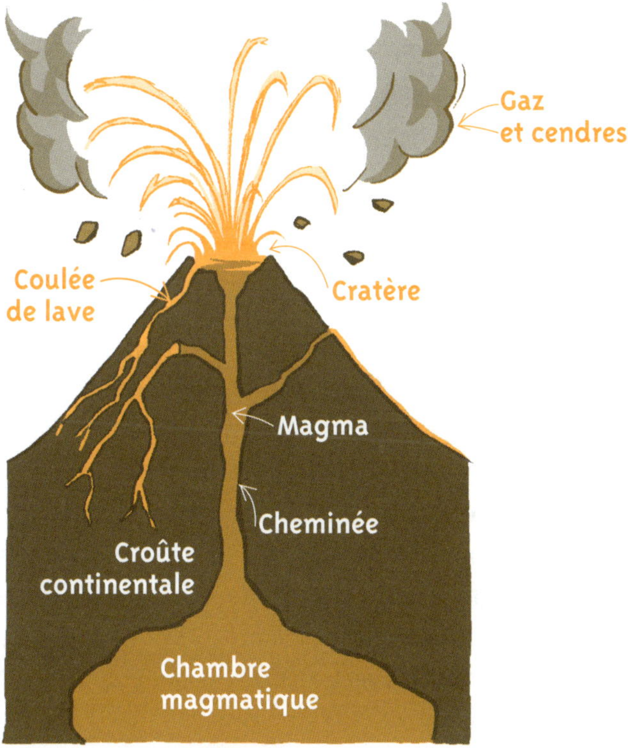

— Cela vous dirait-il, les jeunes, de descendre au fond du cratère ? Celui-ci, bien sûr, est maintenant comblé, mais il mesure tout de même 80 m de profondeur pour un diamètre de 340 m soit un peu plus que la tour Eiffel.
La prudente descente commence et dure plus longtemps qu'ils n'auraient pu le penser. Une fois au fond du cratère, le sommet du volcan paraît bien loin ! Difficile de remonter sur la pente raide ! Il faut maintenant songer à descendre du Pariou pour rejoindre la civilisation. Chacun a envie de prolonger ces instants magiques, entre ciel et terre, à écouter d'autres histoires du tonton volcanologue.
— Les volcans d'Auvergne sont-ils complètement éteints ou bien pourraient-ils se réveiller un jour ? demande alors Clémence.
— Les volcans sont comme les humains : ils naissent, ils grandissent, ils vivent, ils dorment, ils meurent, mais à leur rythme géologique : une journée humaine correspond à plusieurs siècles ou millénaires pour un volcan. En Auvergne, la dernière éruption, celle qui a formé le cratère du lac Pavin, remonte à 6 000 ans seulement. Or on a vu des volcans se réveiller après un délai d'inactivité plus long. Alors les volcans d'Auvergne sont-ils simplement endormis ?

Ou bien sont-ils en train de mourir ? Pour avoir assez de recul, il faut attendre... 50 000 ans ! Mais rassurez-vous : le réveil des volcans d'Auvergne, bien que possible dans le futur, n'est absolument pas d'actualité aujourd'hui. Des signaux précurseurs se manifesteront : petits séismes, déformation du sol de quelques millimètres, variation de la température des sources autour du volcan, etc.

À quoi servent les volcans ?

— Pourquoi les gens continuent-ils à habiter près des volcans ? interroge avec bon sens Romain.

— Parce que les sols aux alentours sont rendus fertiles par les cendres volcaniques et donnent de très bonnes récoltes. Ainsi, le volcan, souvent nuisible, peut devenir aussi utile, ce qui semble bien étonnant ! On a vu aussi au puy de l'Aumône que des pierres volcaniques ont été extraites pour les constructions.

— Pourrait-on utiliser la force du volcan ?

— On imagine maintenant de récupérer une partie de la colossale énergie des volcans. C'est ce qu'on appelle la « **géothermie** », la chaleur du sous-sol, qui remplacera demain, avec d'autres énergies renouvelables, le pétrole qui va commencer à manquer.

Jade a une petite collection de minéraux mais, coquette, elle aime bien les bijoux aussi !

— Existe-t-il des pierres précieuses dans les volcans ? se met-elle à rêver tout haut.

— Oui, en profondeur, sous les volcans, tout est propice à la formation de diamants ! On en trouve aujourd'hui dans certains vieux volcans usés, érodés, en Afrique du Sud par exemple.

La troupe arrive à Orcines, fin de la randonnée, et retrouve Isabelle, qui a préparé un fameux pique-nique. Mais chacun a la tête ailleurs. C'est vrai que tous ont effectué, au cours de ce week-end géologique, un « trek » de plus de 15 km et gravi leurs quatre premiers volcans !

Quinze ans plus tard, Merapi, Indonésie

La nuit a été courte, le sommeil un peu difficile à cause de l'altitude (2 400 m), mais la caravane s'ébranle dans l'obscurité du petit village de Selo. Le cadran lumineux de la montre indique 3 heures.

Jacques, Isabelle et les sept cousins entament la montée, aidés par des porteurs. Après six heures d'efforts, ils arrivent près du sommet du Merapi (ce qui signifie « la montagne de feu »), l'un des volcans les plus actifs de la planète. Le paysage, couvert de soufre, est jaune citron, les gaz fusent avec un bruit de réacteur d'avion, les yeux et la gorge piquent malgré les masques à gaz. Un volcan : enfer ou paradis ?

LES VOLCANS
ET LEURS ÉRUPTIONS

Quelques infos en compote

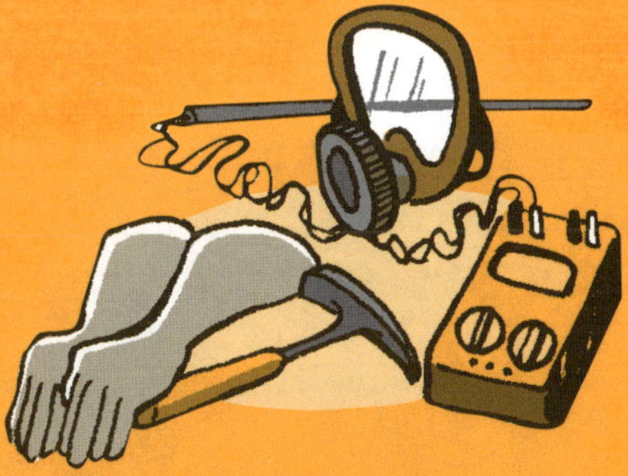

À TOI DE JOUER

Est-ce que tu as tout retenu sur les volcans ?

Des mots croisés pour tester tes connaissances

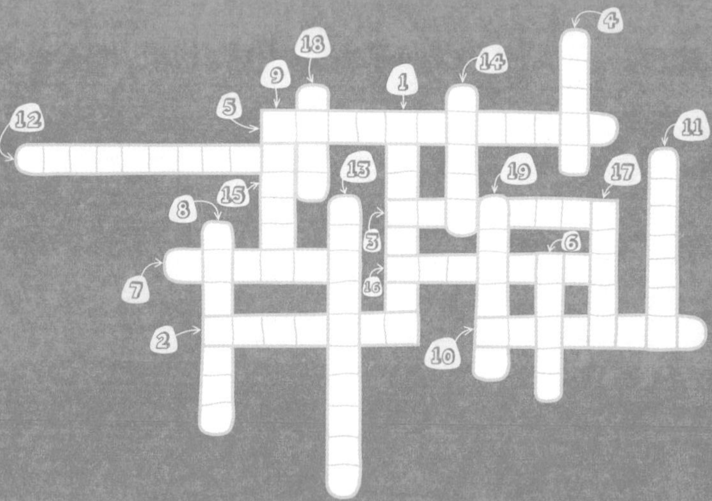

Définitions:

1. Région de France avec de beaux volcans.
2. Orifice souvent situé au sommet d'un volcan.
3. Colère du volcan.
4. La femme de Vulcain, le dieu des volcans.
5. Scientifique qui étudie et surveille les volcans.
6. Adjectif qualificatif pour décrire les éruptions à cendres.
7. Après le sommeil du volcan.
8. Planète, dieu romain ou métal liquide.
9. Volcan italien dangereux qui a détruit Pompéi.
10. Libération du magma.
11. Volcan italien qui a donné le mot « volcan ».
12. Type d'éruption défini au Stromboli.
13. Durée de 1 000 ans, c'est-à-dire une période très courte pour un volcan.
14. En forme de bosse, comme certains volcans auvergnats.
15. Pronom personnel.
16. Scientifique qui étudie la Terre.
17. Nuages brûlants émis par la montagne Pelée.
18. Volcan à sommet pointu.
19. Type d'éruption défini à la montagne Pelée.

réponses p.49

Construire une MAQUETTE DE VOLCAN

Matériel

une petite bouteille en plastique

de la pâte à modeler

du vinaigre

du produit à vaisselle

du bicarbonate de soude

de la grenadine (ou de l'encre rouge)

L'éruption

Fabriquez une maquette de volcan en pâte à modeler, décorez-la et figurez les coulées de lave rouge et les dépôts jaunes de soufre. Placez à l'intérieur, au centre du volcan, une petite bouteille dont l'orifice correspondra au cratère. Introduisez dans la bouteille du bicarbonate de soude alimentaire, un peu de produit à vaisselle et un colorant alimentaire (de la grenadine, de l'éosine ou de l'encre rouge).

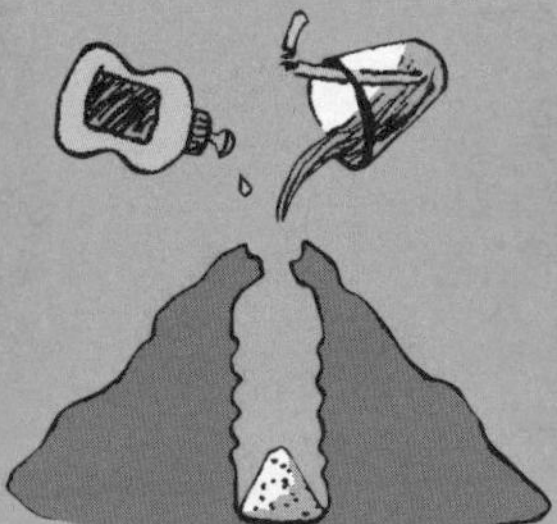

Pour déclencher l'éruption, ajoutez du vinaigre (plutôt du vinaigre blanc).

Qu'observez-vous ?

On observe un dégagement de bulles et une sorte de mousse : c'est du gaz carbonique qui s'échappe car la pression augmente. Cette expérience est sans danger mais attention, elle est salissante : réalisez-la dehors ou dans un endroit adéquat.

LE RÉSERVOIR MAGMATIQUE

Matériel

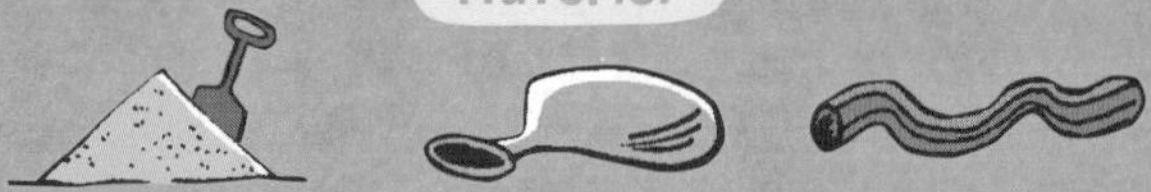

du sable - un ballon de baudruche - un tuyau

Expérience

1. Faites un petit tas de sable un peu mouillé : celui-ci représentera le volcan.

2. Creusez un trou à l'intérieur du tas et placez-y le ballon de baudruche qui mimera le réservoir magmatique.

3. Prenez le tuyau pour gonfler le ballon par en-dessous (en soufflant vous-même ou avec une pompe à vélo).

Qu'observe-t-on ?

On observe alors des modifications des pentes et l'apparition de fractures. On voit même des glissements de terrain.

Les plus grandes éruptions

Deux éruptions célèbres ont eu lieu dans l'Antiquité. L'île volcanique de **Santorin**, en Grèce a explosé il y a 3 500 ans environ.

Le **Vésuve**, en Italie, a détruit Pompéi en 79 apr. J.-C.

Le **Tambora**, en Indonésie, a fait la plus grande éruption historique en 1815, la plus meurtrière aussi : 92 000 victimes, dont 12 000 à cause de l'éruption et 80 000 à cause de la famine qui suivra.

Le **Krakatoa**, également en Indonésie, a déclenché un gigantesque raz de marée en 1883, faisant 36 000 noyés.

La **montagne Pelée**, en Martinique, a détruit Saint-Pierre et a tué les 28 000 habitants de la région par une nuée ardente le 8 mai 1902.

Le **Nevado del Ruiz**, en Colombie, a enseveli plusieurs villes sous des coulées boueuses en 1985, faisant 25 000 morts.

Le **lac Nyos**, au Cameroun, a libéré un nuage de gaz carbonique en 1986, qui a asphyxié 1 700 personnes.

D'autres éruptions très importantes se sont déroulées depuis mais ont fait relativement peu de victimes car elles ont été assez bien gérées : le **Pinatubo** (Philippines, 1991),

la **Soufrière de Montserrat** (Antilles, 1995, mais l'éruption dure toujours),

le **Chaitén** (Chili, 2008).

Réponses des mots croisés de la p.42

1. Auvergne
2. Cratère
3. Éruption
4. Vénus
5. Volcanologue
6. Grise
7. Réveil
8. Mercure
9. Vésuve
10. Émission
11. Vulcano
12. Strombolien
13. Millénaire
14. Bossu
15. Se
16. Géologue
17. Nuées
18. Cône
19. Péléen

LEXIQUE

Basalte
Roche noire d'origine volcanique.

Cratère
Orifice situé au sommet d'un volcan ou parfois sur ses flancs et par lequel sort le magma lors d'une éruption.

Bombe volcanique
Fragment de roche volcanique arrondi expulsé par un volcan. Sa taille varie de quelques centimètres à plusieurs mètres.

Cendre
Fragment de roche volcanique très fin (moins de 2mm).

Dôme
Volcan de forme arrondie, sans cratère.

Cône
Volcan de forme pointue, avec (le plus souvent) un cratère au sommet.

Éruption
Émission de magma par un volcan. On distingue les éruptions effusives à coulées...

... de lave et les éruptions explosives à bombes, cendres, nuées ardentes.

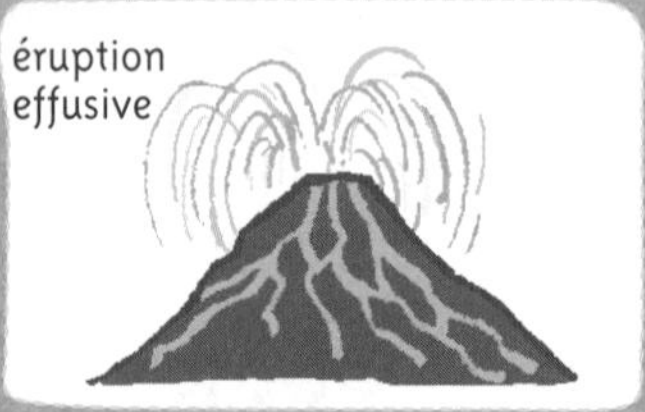

Géologue
Scientifique qui étudie la Terre, son histoire, sa composition.

Géothermie
Utilisation de la chaleur du sous-sol.

Magma
Liquide issu de la fusion des roches en profondeur.

Nuée ardente
Nuage de gaz brûlant qui transporte des blocs de roches et des cendres à très grande vitesse.

Pouzzolane
Scorie rougeâtre. Ce nom vient de la ville italienne de Pouzzoles, située près de Naples.

Scorie
Roche avec de petits trous appelés « vacuoles » correspondant à d'anciennes bulles de gaz. Ces roches sont assez légères et ont une couleur noire ou rougeâtre.

Séisme (ou tremblement de terre)

Secousse de la Terre, qui a lieu en profondeur et qui peut être ressentie en surface, parfois violemment.

Séismographe (ou séismomètre)

Appareil qui enregistre les tremblements de terre.

Tsunami

Vague gigantesque, déclenchée par une éruption volcanique ou par un tremblement de terre.

Volcan

Lieu d'où jaillit le magma à chaque éruption. Un volcan est souvent une montagne, mais pas toujours.

Volcanologue

Géologue spécialisé dans l'étude et la surveillance des volcans et de leurs éruptions.

RÉFÉRENCES

Sur Internet

Sites à consulter avec l'aide de tes parents :

- www.lave-volcans.com
- www.terreetvolcans.com
- www.volcan.ch
- www.geopolis-fr.com/bardintzeff.html
- http://44.svt.free.fr/jpg/bardintzeff.htm
- www.futura-sciences.com/fr/scientifique/t/terre/d/bardintzeff_80/

Des adresses utiles en Auvergne :

- Maison des Volcans
Château Saint-Étienne, 15000 Aurillac, 04 71 45 46 10,
http://www.parc-livradois-forez.org
- Parc naturel régional des volcans d'Auvergne,
Château de Montlosier, 63965 Aydat, 04 73 65 64 00,
http://www.parc-volcans-auvergne.com
- Volcan à ciel ouvert, puy de Lemptégy, D 941B,
63230 Saint-Ours-les-Roches, 04 73 62 23 25,
http://www.auvergne-volcan.com
- Vulcania, Centre européen du volcanisme,
63230 Saint-Ours-les-Roches, 0820 827 828,
http://www.vulcania.com

Dans ma bibliothèque

- *Volcanologue. De la passion à la vocation*, J.-M. Bardintzeff, Vuibert, 2009.
- *Volcans du monde, séismes et tsunamis*, J.-M. Bardintzeff, Orphie, 2010.
- *Les Volcans racontés aux enfants*, P. Bourseiller, D. Giraudon et H. Montardre, La Martinière Jeunesse, 2002.
- *Les Volcans : la Terre en colère*, D. Decobecq et J.C. Tanguy, coll. « Big-Bang », Hachette Jeunesse, 2002, (avec un Cd-Rom).
- *Le Géant du volcan*, J. Drouin et F. Charles, Le Sablier, 2005.
- *Au cœur des volcans,* E. Pradal et D. Decobecq, Fleurus, 2004, (avec un DVD).

Des livres avec de superbes photos :

- *La Terre en feu,* P. Bourseiller, La Martinière, 2009.
- *Volcans,* O. Grunewald et J.-M. Bardintzeff, Le Chêne, 2007.

Le coin des grands

Quelques pistes pour aller plus loin, en classe ou à la maison.

Lien avec les programmes 2008 sciences expérimentales et technologie

Le ciel et la Terre

Volcans et séismes, les risques pour les sociétés humaines

Suivre les éruptions mondiales

En classe, on peut suivre les éruptions dans le monde sur Internet – notamment grâce au site international de référence (en langue anglaise) www.volcano.si.edu – puis les repérer sur une carte.

Le magma, de sa formation à son émission

Le magma se forme par fusion des roches du manteau terrestre, situé à environ 100 km de profondeur. Le magma liquide est plus léger que les roches solides : il a donc tendance à remonter vers la surface selon les fractures. Il arrive que, bloqué dans son ascension, il s'arrête et stagne dans une chambre magmatique, parfois durant des millénaires ou des dizaines de millénaires. Puis il reprend sa montée. Une partie des gaz, qui ne peut pas rester à l'état dissous, forme alors des bulles… comme lorsqu'on débouche une bouteille de champagne. Le magma arrive (enfin !) en surface : un magma fluide s'épanche sous forme de coulées de lave (c'est ce qu'on appelle une « éruption rouge »), un magma visqueux, riche en bulles de gaz, explose et se fragmente en blocs grossiers ou en cendres fines (ce qu'on appelle une « éruption grise »).

Le mot de l'auteur

La découverte, à quatre ans, au cours d'une randonnée familiale, d'un cristal de calcite brillant de mille feux fut un choc : la passion de la Terre et du monde minéral ne me lâchera plus. J'entamai alors une collection de roches, minéraux, fossiles et mes livres étaient peuplés de dinosaures. Les volcans, témoins d'une Terre active, me fascinèrent bien vite et je rêvais de les escalader un jour et de lier la science et l'aventure ! Ma vocation de volcanologue était née.

Notes personnelles

INDEX

SOMMAIRE

DÉJÀ PARUS

1. Le Soleil, notre étoile
2. Mon corps : cent mille milliards de cellules
3. Les Petites Cases de ma mémoire
4. À l'intérieur de l'ordinateur
5. Être vivant : quelle aventure !
6. Les Atomes de l'Univers
7. La Lumière à la loupe
8. Le Climat : de nos ancêtres à vos enfants
9. Le Monde des microbes
10. La Gravitation, ou Pourquoi tout tombe toujours
11. Internet : quel drôle de réseau !
12. La Vie d'une étoile
13. Les Organes de mon corps
14. Tout est chimie !
15. La Fabrique des rêves
16. Le temps qui passe...
17. Voyage au pays des nombres
18. Les Expéditions polaires
19. Le Surprenant Cycle de l'eau
20. Découvrir la vie extraterrestre
21. Ici l'Univers !
22. L'Hibernation
23. Les Mystères du hasard
24. Le Sang de mon corps
25. Par où passe mon médicament...
26. Observer l'Univers
27. Le Baptême de l'air
28. La Radioactivité
29. Le Laboratoire du sommeil
30. Les Défenses de mon corps
31. La Géométrie ou le monde des formes
32. Atmosphère : quel effet de serre !
33. Les Volcans et leurs éruptions
34. Le Pétrole

Achevé d'imprimer : EMD S.A.S.
N° d'imprimeur : 22931

n° éditeur : 090457-01
dépôt légal : mars 2010
Imprimé en France